BEI GRIN MACHT SICH IHR WISSEN BEZAHLT

- Wir veröffentlichen Ihre Hausarbeit,
  Bachelor- und Masterarbeit

- Ihr eigenes eBook und Buch -
  weltweit in allen wichtigen Shops

- Verdienen Sie an jedem Verkauf

Jetzt bei www.GRIN.com hochladen
und kostenlos publizieren

Michael Dienst

Transactions in Bionic Patents - Membranfaltstruktur als Konstruktionselement

GRIN Verlag

Bibliografische Information der Deutschen Nationalbibliothek:

Die Deutsche Bibliothek verzeichnet diese Publikation in der Deutschen National-
bibliografie; detaillierte bibliografische Daten sind im Internet über http://dnb.d-
nb.de/ abrufbar.

Impressum:

Copyright © 2012 GRIN Verlag GmbH
Druck und Bindung: Books on Demand GmbH, Norderstedt Germany
ISBN: 978-3-656-32607-6

Dieses Buch bei GRIN:

http://www.grin.com/de/e-book/204926/transactions-in-bionic-patents-membran-
faltstruktur-als-konstruktionselement

GRIN - Your knowledge has value

Der GRIN Verlag publiziert seit 1998 wissenschaftliche Arbeiten von Studenten, Hochschullehrern und anderen Akademikern als eBook und gedrucktes Buch. Die Verlagswebsite www.grin.com ist die ideale Plattform zur Veröffentlichung von Hausarbeiten, Abschlussarbeiten, wissenschaftlichen Aufsätzen, Dissertationen und Fachbüchern.

Besuchen Sie uns im Internet:

http://www.grin.com/

http://www.facebook.com/grincom

http://www.twitter.com/grin_com

Transactions in Bionic Patents

Traktat über die Beiträge zu den "Transactions in Bionic Patents"

Die "Transactions in Bionic Patents" bilden eine Sammlung von Schriften zu Patent- und Gebrauchsmusteranmeldungen im Themenfeld Biologie & Technik die in loser Reihenfolge und Terminus erscheint.

Gegenstand der Beiträge zu den Schriften der "Transactions in Bionic Patents" sind Gestaltungsfragen und die kritische Auseinandersetzung mit aktuellen Themen der Bionik, also Technik nach Vorbildern aus der belebten und unbelebten Natur und ihre patentrelevante Umsetzung.

Mit den "Transactions in Bionic Patents" soll der Fortschritt auf dem Gebiet der angewandten Bionik dadurch gefördert werden, dass die dargestellten Patente und Gebrauchsmuster frei von Rechten Dritter und mit ausdrücklicher Genehmigung der Patentanmelder und Inhaber dem Leser dieser Schriften zur Nutzung verfügbar werden.

Gleichzeitig wird ein tieferes Verständnis der Bionik innerhalb des Fachs und der Öffentlichkeit her- und ein rezentes Problemfeld wirklichkeitsnah und verständlich dargestellt. Als Übergeordneter Aspekt gilt es, Lösungswege der Übertragung biologischer Phänomene zu untersuchen, auszuleuchten und Fragestellungen die im Zusammenhang stehen mit Natur und Technik nachzugehen sowie Forschung und Ausentwicklung zum Thema anzustoßen

Die Beiträge zur Schriftensammlung "Transactions in Bionic Patents" sind in deutscher Sprache verfasst. Dem Text kann eine teilweise oder vollständige Übersetzung in englischer Sprache beigestellt werden; Art, Umfang, Anordnung und Organisation der Textteile sind dem Autor überlassen und frei. Die englische Fassung soll den Umfang der deutschen Fassung nicht überschreiten.

In einer Ausgabe der Schriftensammlung "Transactions in Bionic Patents" soll nur ein Werk platziert werden. Der Text kann durch Abbildungen ergänzt werden; die Bildrechte und andere Urheberrechte sind dabei zu achten.

Die jeweiligen Gebrauchsmuster- oder Patentschriften sind dem Anhang beigefügt.

M. Dienst, Berlin.

Technische Beschreibung

IPC F16S 5/00 (2006.01) Gebrauchsmuster Nr. 20 2009 003 570.0

Membranfaltstruktur als Konstruktionselement

Stand der Technik und Wissenschaft

Bleche und Membranen. Dünnwandige Metallstrukturen leisten einer Verformung weitaus mehr Widerstand als massive Konstruktionen gleichen Gewichts. Neben Metallen sind zunehmend Kunststoffe als Materialien für dünnwandige Konstruktionen (Membranen, Scheiben und Schalen) von Interesse.

Oberflächenstrukturierte Membranen besitzen eine Vielzahl technisch nützlicher Eigenschaften, etwa der Zugewinn an mechanischer Festigkeit und Bauteilsteifigkeit gute Wärme-

University of Applied Sciences Berlin, Germany

BIONIC RESEARCH UNIT

übergangseigenschaften bei Benetzung und Gestaltänderungs- und Verformungseigenschaften.

Eine große Bedeutung haben strukturierte Bleche im Karosseriebau und in der Luftfahrtindustrie. In den Ingenieurwissenschaften sind Faltstrukturen, Ausbeulungen und Sicken für Blechkonstruktionen Gegenstand rezenter Forschung und Entwicklung. Ziel ist die Vermeidung von Dröhngeräuschen bei großen, ebenen Blechen und lokale Versteifung der gesamten Konstruktion. Faltstrukturen können bei richtiger Auslegung Spannungsspitzen im Blech abbauen, die durch Umformprozesse hervorgerufen werden.

Biologie. Die Biologie hat im Laufe der Evolution äußerst effiziente Lösungen hervorgebracht. Die belebte Natur verwendet das „Gestaltungselement Falte" intensiv und in vielfältigen Variationen. Die Phänomene natürlicher Muster- und Gestaltentstehung, die Prinzipien biologischen Strukturaufbaus und Gestaltwandels, die Grundmechanismen des Wachstums und der Differenzierung bei der Individualentwicklung sind Gegenstand der Forschung. Aus der Verpackungstechnik ist bekannt, dass natürliche Faltstrukturen Vorbild für die Entwicklung innovativer Verpackungslösungen sein können. Es zeigt sich beispielsweise, dass künstliche Faltungen nach dem Vorbild der Natur bei gleichem Strukturaufwand handelsüblichen Wellpappen überlegen sind und diese bei der Lösung von Verpackungsproblemen ersetzen können. Ein Beispiel funktionaler Faltstrukturen in der belebten Natur sind die Blattnarben an Palmen und Kaktusgewächsen, die durch die Verfestigung des Stammes dem Emporwachsen der Pflanze dienen.

Technik. Die Wölbstruktur ist eine versetzte 3D-Wabenanordnung, die typische Merkmale eines Selbstorgani-sationsprozesses aufweist. Das Material springt durch leichten Druck von außen aus seiner Ausgangslage in die dritte Dimension und bildet so hexagonale Strukturen.

Bei der Übertragung von Prinzipien und Bauweisen (Falten, Muster und Strukturen) der belebten Natur auf Technik (Strukturelemente, Pakettierungen) sind Fragen hinsichtlich der Lage des Strukturelements, seine Form, Verlauf der Elementkanten und Radien sowie die Anordnung von verschiedenen Strukturelementen zueinander Gegenstand rezenter Forschung.

Problembeschreibung

War bislang bei der Entwicklung von Halbzeugen und gebrauchsfertigen Produkten die von allen Belastungsrichtungen beaufschlagbare Blech- bzw. Kunststoffkonstruktion das Ziel, richten sich die Forschungs- und Entwicklungsbemühungen im Zeitalter computerunterstützter Simulation und Berechnung auf den gerichteten, nicht isotropen Belastungsfall. Hier sind Sicken- Beulen- und Faltstrukturen gefragt, die auf eine definierte Beaufschlagung mit einem definiertem elastischen Verformungs- gebaren antworten.

Bleche mit Sicken und Wölbstrukturen erleiden bei der Herstellung Verschiebungen und Verzerrungen, die ihre Ursache in einer Plastifizierung des Halbzeugmaterials in der Fläche, fern der Knickkontur und der Faltlinien der Gestaltgebenden Formelemente haben. Da sich in diesem Fall auch die Materialeigenschaften verändern, ist in manchen Fällen der technischen Anwendung von Blech- und Verbundwerkstoffhalbzeugen (Flugzeugbau, Yachtbau) eine Plastifizierung des Materials fern der Knickkontur nicht erwünscht

Problemlösung

Die Erfindung nach Anspruch 1 betrifft eine Faltungs-Struktur-Bauweise für technische Scheiben, Schalen und Membranen, die dem Konstrukteur als voll parametrisierbares Gestaltungselement verfügbar gemacht werden kann.

Die Faltungs-Struktur-Bauweise ist verzerrungsneutral, d.h. das Halbzeugmaterial wird bei der Herstellung nicht in der Fläche plastifiziert (gedehnt, gestreckt, gerafft), sondern lediglich an der Knickkontur (den Faltlinien) verformt. Vorbild für die (technische) Faltungs-Struktur-Bauweise sind die Blattnarben an Palmen, Kaktusgewächsen und anderen Pflanzen.

Erreichbare Vorteile

Die Verfügbarkeit voll parametrisierter Gestaltungselemente führt in der Konstruktionspraxis zu einer Kraftfluss gerechten, richtungsabhängigen Gestaltung von Blech- und Kunststoffbauteilen.

Die Lage der Strukturelemente, deren Form, der Verlauf der Elementkanten und Radien sowie die Anordnung von verschiedenen Strukturelementen ist durch geeignete Parametrisierung einer computerunterstützten Simulation und Optimierung zugänglich.

Die Verzerrungsneutralität der Faltungs-Struktur-Bauweise in der Fläche bietet Vorteile bei der Konfektionierung von Blech- und Verbundwerkstoffhalbzeugen im Fahrzeugbau.

In der Verpackungstechnik und anderen Branchen, wo Karton-, Papp- und Papierfaltwerke zur Anwendung kommen, ist die Verzerrungsneutralität vorteilhaft.

Aufbau, Anfertigung

Das Grundelement der Faltungs-Struktur-Bauweise nach Anspruch 1 beschreibt eine linsenförmige Kontur mit einer Anschlusslinie in den beiden Eckpunkten (Figur 1). Entlang dieser Konturkanten wird das Material gebogen (technologisch: geknickt, gekantet). Das Grundelement ist rapportierbar (Figur 2): eine Faltstruktur entsteht. Bearbeitet, bilden die Konturen benachbarter Elemente periodisch Täler und Höhen aus (schematisch in Figur 3). Die Faltungs-Struktur-Bauweise ist universell und kann (gestaltungsbedingt) verzerrungsneutral ausgeführt werden.

Figur 4 zeigt ein einzelnes Element an jeder Körperkante eines Verpackungskartons.

In Bleche werden die Konturkanten gebogen. Bei Kunststoffmembranen kommen übliche Technologien, wie Tiefzieh-, Vakuum-, Blasverfahren zu Anwendung.

Membranen, Scheiben und Schalen in Faltungs-Struktur-Bauweise nach Anspruch 1 weisen in Lateralrichtung eine, im Vergleich zu nicht strukturierten Bauteilen, höhere Formstabilität auf.

University of Applied Sciences Berlin, Germany

BIONIC RESEARCH UNIT

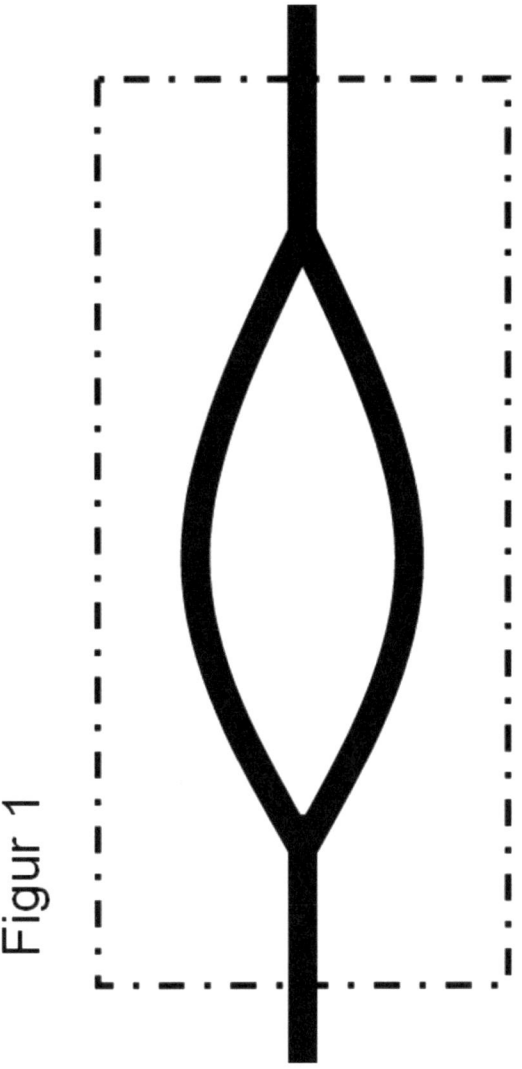

Figur 1

Figur 2

Figur 4

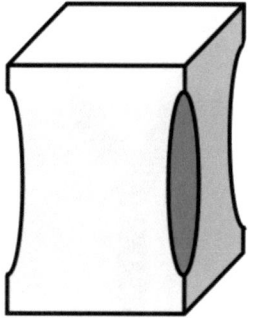

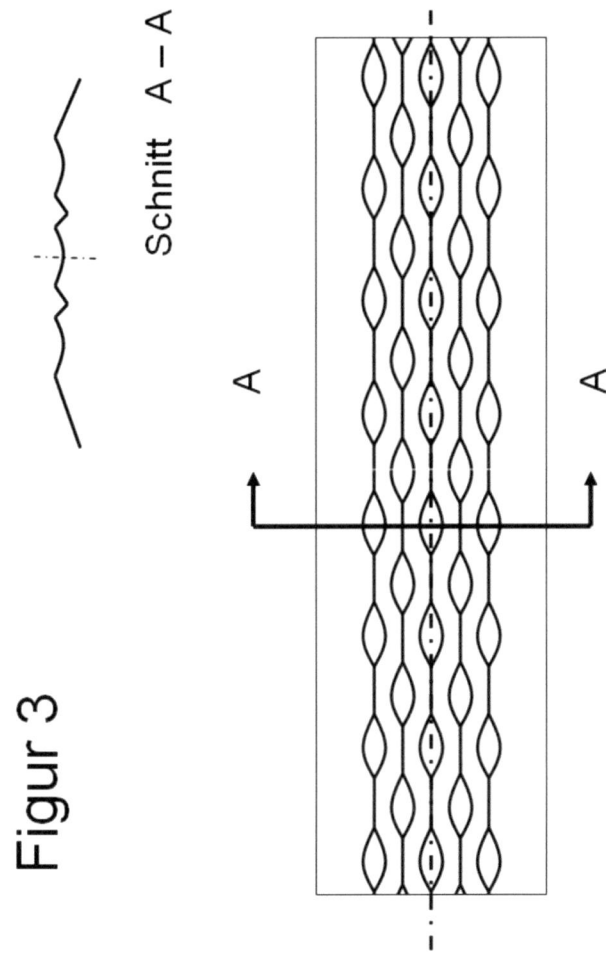

Figur 3

Schnitt A – A

Schutzansprüche

1. Membranfaltstruktur-Bauweise dadurch gekennzeichnet,

    dass linsenförmige Faltungskontur mit einer geradkantigen
    Anschlusslinie in den Eckpunkten ein dreidimensionales
    Grundelement bilden.

2. Membranfaltstruktur-Bauweise dadurch gekennzeichnet,

    dass durch Rapportieren und Positionieren eines
    Grundelementes nach Anspruch 1 in der Ebene und ein 3-
    dimensionales periodisches Muster entsteht